AF310708

Notes autographes de
Malebranche.

Identification faite par
M. Paul Schrecker, en 1939.

DES LOIX

DE LA

COMMUNICATION

DES MOUVEMENS.

Par L'AUTEUR de la Recherche de la Verité.

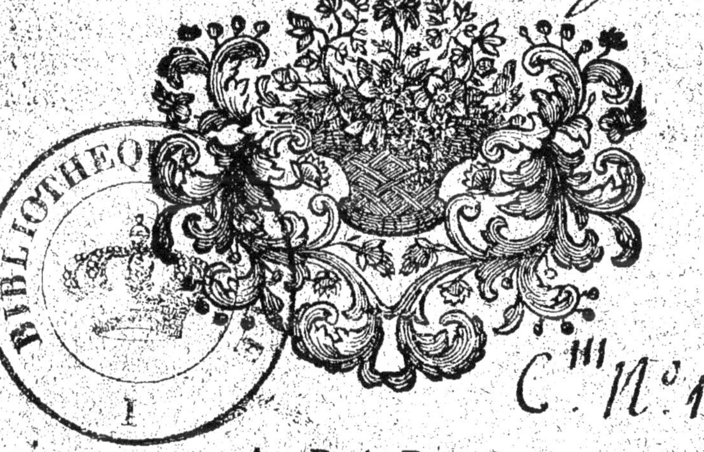

A PARIS,

Chez ANDRÉ PRALARD,
saint Jacques à l'Occasion.

M. DC. XCII.

AVEC PERMISSION.

Omme je prouve dans le dernier Chapitre de la Recherche de la verité, que le repos n'a aucune force, & que ce principe est contraire aux loix du mouvement que Monsieur Descartes nous a données, un de mes amis souhaitta que j'en donnasse de nouvelles. Dans le dessein de le satisfaire, j'écrivis, mais sans un examen suffisant & dans l'empressement ou j'étois de finir l'ouvrage, les dernieres pages de la Recherche de la verité, qui regardent cette matiere, ayant uniquement en vuë d'y appliquer le principe que je venois de prouver, quoy que les loix du mouvement dependissent encore d'autres reflexions que je ne f point-alors. Ainsi je donnai une régle générale que je t tres-fausse, depuis que j'ai examiné ce sujet plus serieu ment, & j'ai composé cet écrit afin qu'on le substituë à place. On sera peut-être surpris de ce que j'ay attendu s tard à reconnoître mon erreur. Mais la verité est que je negligeois cette matiere: & si je n'eusse lu par hazard dans les Nouvelles de la Republique des lettres quelques objections de Monsieur de Leibnits, je n'y aurois peut-être pensé de ma vie.

DES LOIX

DE LA

OMMUNICATION

DES MOUVEMENS.

PREMIERES LOIX.

JE suppose que les mouvemens se communiquent, & que les corps en perdent autant qu'ils en donnent à ceux qu'ils choquent, parce que Dieu conserve toûjours dans l'univers une égale quantité de mouvement. Il est impossible de démontrer en rigeur ce qui depend d'une volonté arbitraire du Createur, & il est clair que si Dieu le vouloit, les mouvemens ne se communiqueroient point, & que les opposez se détruiroient l'un l'autre. Mais comme l'experience y est ce me semble contraire, puisque la matiere conserve depuis long-temps son mouvement ; je crois devoir simplement supposer ce qui ne se peut démontrer dans la rigueur ou l'exactitude geometrique. En un mot cet écrit n'est que pour ceux qui reçoivent ce principe.

II   2. Je suppose aussi que les corps sont impenetrables, parfaitement durs, & par consequent sans aucun ressort, & mûs dans le vuide, c'est à dire sans que l'air grossier ou subtil resiste ou contribuë à leur mouvement.

III   3. Je suppppose enfin que les corps qui se choquent se meuvent sur une ligne droite, qui passe par leur centre de pesanteur, & les points de leur rencontre.

Rech. de la verité l. 6. ch. dernier.

IV   4. Le repos n'a point de force pour resister au mouvement, comme je crois l'avoir suffisamment prouvé.

V   5. Le mouvement est le transport d'un corps d'un lieu en un autre. Mais le transport d'un corps peut être *à plus ou moins* promt, *ou lent*, comparé à un autre transport.

VI   6. La quantité de la vîtesse est le rapport de l'espace au tems, c'est à dire l'exposant de l'espace parcouru divisé par le tems employé à le parcourir.

VII   7. Ainsi la quantité du mouvement est le produit de la vîtesse d'un corps par sa masse. Ce produit exprime aussi la quantité de la force mouvante actuellement appliquée à produire le mouvement. *puisque les effets sont en proportion avec les forces qui les produisent.*

VIII   8. La cause naturelle ou occasionnelle de la distribution, & par consequent de la communication des mouvemens, est le choc. Car afin qu'un corps en remuë un autre, il faut qu'il le pousse ou le choque : & s'il le meut, ce doit être à proportion de la grandeur du choc.

IX   9. La quantité du choc de deux corps égaux, ou dont le plus fort est le plus grand, se doit regler par la somme ou par-là difference des vîtesses : par la somme dans les vîtesses en sens contraire, & par la difference dans les vîtesses en même sens. Ainsi dans le cas que les corps sont égaux, ou que le plus fort est le plus grand, la quantité du choc est égale à la somme ou à difference des vîtesses multipliée par la masse d'un des corps s'ils sont égaux, ou du plus petit, s'ils sont inégaux. Car les corps ne se poussent que parce qu'ils sont impenetrables. Ils n'agissent donc que selon la vîtesse avec laquelle ils se rencontrent dans l'instant du choc. Ainsi lorsque le plus fort est le plus grand, il n'agit pas selon toute sa force sur le petit qui vient à sa rencontre, mais selon la vîtesse respective, multipliée seulement par la masse du petit, qu'il chasse devant luy ~~pour avoir le passage libre.~~

10. La quantité du choc de deux corps inégaux, dont le plus fort est le plus petit, est égale à la somme de leurs forces, ou de leurs mouvemens, s'ils vont l'un contre l'autre. Car les corps étant impenetrables, le plus grand pousse dans ce cas selon toute sa force contre le plus petit qui le pousse de toute la sienne. Mais si l'un des corps atrrappe l'autre, la quantité du choc est égale seulement à la difference des vîtesses multipliée par la masse du plus petit, parce que le plus grand n'a point de force contraire.

11 Puisque les corps sont mûs à proportion qu'ils sont poussez, il est clair que la quantité du choc doit regler la quantité du mouvement que ~~reçoit~~ le plus foible, ~~dans l'instant~~ du choc. Dans lequel instant il faut considerer le plus foible comme en repos, si le mouvement qu'il avoit avant le choc étoit contraire à celui du plus fort, & comme ayant déja quelque mouvement, s'il étoit mû dans le même sens que celui qui l'attrappe, & qui le choque. De sorte que le plus foible doit réjaillir avec un mouvement égal à la quantité du choc, ou continuer son

mouvement avec une augmentation égale aussi
à la quantité du choc. Tout cela ~~encore un coup~~ *doit être ainsi*
parce que *je suppose ici que* le mouvement ne se perd point; ~~&~~
que les corps sont impenetrables & ~~supposez~~
durs infiniment; qu'ils sont mûs autant qu'ils
sont poussez; & que le mouvement se communique par le choc immédiatement & dans un
instant; qu'un même corps, ne pouvant en même tems recevoir deux forces ou deux mouvemens contraires, le plus fort ne peut jamais
rien recevoir du plus foible, & qu'ainsi la force
du plus foible doit retomber sur luy-même avec
ce que luy en donne le plus fort. Car les corps
étant supposez parfaitement durs, toutes leurs
parties avancent ou reculent également. Au lieu
que la partie choquée des corps durs à ressort
recule, dans le temps que la partie du même
corps la plus éloignée de celle qui est choquée,
continuë d'avancer. De sorte que ces corps ont
toûjours dans l'instant du choc deux mouvemens contraires. Le plus fort reçoit toûjours
dans sa partie choquée le mouvement du plus
foible, qui se transmet ensuite dans une matiere
insensible, laquelle le rend aussi-tôt apres le choc.
Et c'est-là l'origine de la *grande* difference qu'il y a entre
les loix du mouvement des corps durs à ressort,
& celles qui dépendent des suppositions que je
viens de faire, ainsi que je le prouverai dans
la suite.

Il y a quelques personnes qui pretendent que
si un corps parfaitement dur en choquoit un autre de même nature & inebranlable, le premier
demeureroit en repos sans réjaillir, à cause, di-
sent-ils, qu'il n'auroit aucune cause nouvelle de
mouvement en arriere, & qu'il n'y a que le
ressort qui fasse que les corps réjaillissent apres
le choc. ~~Or si cela étoit vray, il est clair que le~~

*Mais faisant ici abstraction de la volonté
du créateur, puisqu'on suppose un corps
inébranlable, ce qui ne peut être naturellement
je répons qu'il . . . .
                                              y a une*

mouvement s'aneantiroit, & que les loix que je pretens établir sur ce principe, qu'il ne s'aneantit point, seroient absolument fausses. Je repons donc qu'il y a une cause nouvelle du mouvement en arriere, & que cette cause est le choc même, qui fait que le choquant, & le choqué sont également poussez, parce qu'ils sont également impenetrables, & que le choqué est supposé inebranlable.

Par exemple si deux boules égales A & B sont parfaitement dures, & que A choque B qui est en repos, A perdra tout son mouvement, & B le prendra. Cela doit être ainsi ; car quoy que B soit impenetrable, il n'a point de force qui le rende inébranlable. Il est poussé sans repousser, puisque le repos n'a point de force pour resister au mouvement. A n'étant donc point repoussé, il ne doit point réjaillir, & comme il pousse B de toute sa force, B doit prendre tout son mouvement. Car lors que les corps sont mûs, ils le sont à proportion qu'ils ont été poussez. C'est-là ce me semble un principe incontestable.

Mais supposons maintenant que la boule soit renduë inebranlable par quelque force que ce soit, il est clair que, si A la choque, il sera autant repoussé qu'il aura poussé, puisque l'un & l'autre sont impenetrables. Donc par le principe, que les corps sont mûs comme ils sont poussez, il réjaillira avec autant de vîtesse qu'il étoit venu. Puisque les circonstances ne sont plus les mêmes que dans la supposition précedente, il doit assurément y avoir quelque diversité dans les effets, & il n'est pas concevable que le corps A demeure en repos aprés le choc. Mais, dira-t-on, il n'y a point de ressort ; & c'est le ressort qui donne le mouvement en arriere. Je l'avoüe. Dans les corps à ressort, c'est le ressort qui don-

ne le mouvement en arriere. Mais c'est que les
corps à ressort employent toute la force de leur
mouvement à bander pour ainsi dire leur ressort. C'est qu'ils donnent tout leur mouvement
à une matiere invisible qui le leur rend aussi-tôt,
& qui les repousse autant qu'elle en a été poussée, ainsi que je ferai voir dans la suite. Ils tirent leur mouvement en arriere de la force de
celui qu'ils avoient en avant: car la force de leur
ressort qui les repousse vient uniquement de la
force de leur choc, aussi-bien que dans les corps
parfaitement durs & sans ressort.

DEFINITIONS.

J'appelle m la masse d'un corps, une boule par
exemple d'un pouce de diametre, & $2m$,
$3m$, $4m$, &c, les corps dont la masse est double
ou triple, &c.

J'appelle $m0$, un corps en repos, $m1$ ou m,
$m2$, $m3$, &c, les corps dont la vîtesse est d'un
ou de deux ou de trois degrez: & $m\frac{1}{2}$, $m\frac{2}{3}$, &c,
si leur vîtesse est d'un demy-degré, ou deux
tiers, &c.

Ainsi $2m3$ signifie un corps dont la masse est
double, & la vîtesse triple d'un autre. Le premier nombre marque la masse, & le second la
vîtesse Et lorsqu'il n'y a point de nombre avant
m ou aprés, l'unité est sous entenduë. Ainsi m
signifie $1m1$, $m2$, vaut $1m2$, & $2m$ vaut $2m1$.
*Ce signe + signifie plus, et celui-cy —
moins, ainsi +3 -2 signifie plus trois
moins 2.*

PREMIERES LOIX
de la Communication des Mouvemens.

XII. 11. *Pour deux corps dont l'un est en repos.*

Exemples

$m1$, ou $m2$, ou $m3$ rencontrant $\underline{mo}$: $m1$, apres le choc ou $m2$, ou $m3$ deviendra $\underline{mo}$; & $\underline{mo}$ deviendra ou $m1$, ou $m2$, ou $\underline{m3}$.

les m barrés doivent être romaines

Avant le choc.		Apres le choc.	
1	$1m2$ $\underline{mo}$.	mo.	$m2 \; \frac{1}{}$
2	$m3$ $2\underline{mo}$.	mo.	$2m2$.
	$m3$ $\underline{mo}$.	mo.	$m3$
3	$2m$ $\underline{mo}$.	$2m\frac{1}{2}$	$\underline{m}$.
4	$3m2$. $\underline{mo}$.	$3m\frac{4}{3}$	$\underline{m2}$.
5	$2m3 \cdot 4\underline{mo}$.	$2mo\frac{5}{}$	$4\frac{m3}{2}$,
2	m. $2\underline{mo}$.	mo.	$2m\frac{1}{2}$
	$m2$. $3\underline{mo}$,	mo.	$3m\frac{2}{3}$
	$m3$. $4\underline{mo}$.	mo,	$4m\frac{}{4}$

*Ces Regles sont fond*é*es.*

1. Sur ce que le repos n'a point de force pour resister au mouvement.

2. Sur ce que les corps étant supposez infiniment durs, la force du choquant agit immediatement & en un instant sur le choqué, & par consequent il agit sur lui selon toute sa vîtesse. *le pousse*

3. Sur ce que cette force étant appliquée, elle *doit* se distribuë dans toute la masse à cause de la *une fois reçue*

dureté supposée. Ainsi cette force étant divisée par la masse, on a pour exposant la vîtesse du choqué.

4. Sur ce que le choquant garde pour lui le mouvement qu'il ne donne point. De sorte que divisant ce reste qu'il retient, par sa masse, on a pour exposant la vîtesse qui lui reste.

XIII. 13. *Pour deux corps qui se choquent quoique mûs du même côté.*

	Avant le choc.		Apres le choc.	
6.	$m2.$	$m.$	$m.$	$m2.$
7.	$2m2.$	$m.$	$2m\frac{3}{2}$	$m2.$
8.	$m2.$	$2m.$	$m.$	$2m\frac{3}{2}.$
9	$2m4$	$3m2$	$2m2.$	$3m\frac{10}{3}$

Ces Regles sont fondées sur les mêmes principes que les trois premieres, car il est évident qu'un corps qui est mû dans le même sens qu'un autre, n'a point de force contraire pour lui résister, & qu'il n'est choqué par celui qui l'attrape que selon la difference des vîtesses.

Il me semble qu'il n'y a point de difficulté sur ces six premieres regles. Voicy celles qui regardent les corps qui se choquent par des mouvemens contraires, *en supposant que le mouvement ne se perde point.*

XIV. 14. *Pour deux corps qui se choquent avec des mouvemens contraires.*

	Avant le choc.			Apres le choc.	
7.	$m.$	$m.$		$m.$	$m.$
8.	$m2.$	$m.$	En sens	$mo.$	$m3.$
9.	$2m.$	$m2.$	contraire.	$2m.$	$m2$
9.	$2m.$	$m.$		$2m\frac{1}{2}.$	$m2.$
10	$2m2.$	m		$2m$	$m3$
11	$3m.$	m		$3m\frac{2}{3}$	$m2$
12	$3m$	$m2$		$3m\frac{2}{3}$	$m3$

11. 2m2. m. 2m. m2.

suivent necessairement

Ces Regles, font fondées fur les articles 8. 9.
10. 11. *quoi qu'elles paroissent étranges, elles se reduisent a cette regle generale*

REGLE GENERALE,

lorfque deux corps fe choquent, foit que l'un fe meuve, & l'autre demeure en re-pos, foit que tous les deux fe meuvent de même part, ou en fens contraire.

La quantité de mouvement ou

1. Cherchez, le produit de la vîteffe par la maffe de chacun des corps mûs en fens contrai-re, & Celui qui aura un plus grand produit, étant le plus fort (par 7.) vaincra l'autre, & le fera réjaillir. Mais lors que les corps fe meu-vent en même fens, ou qu'un des deux eft en repos, celui qui va le plus vîte, fera toûjours le plus fort, parce que l'autre quoy que plus grand de maffe n'a point de force contraire pour lui refifter.

& er fi le plus / fort est le plus / petit, il / demeurera en / repos. ainsi il / n'y aura qu'à / ajouter son / mouvement / a celui d'auplus / foible, puisque / (par 10) la / grandeur du / choc est dan[s] / ce cas egale / a la somme / de leurs mou- / vemens.

2. Prenez (par 9. ou 10.) la quantité du choc, vous aurez (par 11.) le mouvement en ar-riere du plus foible, fi les corps fe font choquez avec des forces contraires ; ou l'augmentation de fon mouvement, s'ils alloient de même côté.

3. Divifez ce mouvement ou cette augmenta-tion par la maffe du plus foible, & vous aurez fa vîteffe (par 7.)

depend

La demonftraiton de cette regle, et dans des articles 7. 8. 9. 10. 11. & principalement dans le onzieme.

EXEMPLE.

m12 allant contre 3m2. *en fens contraire*
1. La force de m12 eft 12. Et celle de 3m2 eft 6.

2. La quantité du choc est 18.,
3. Qui divisée par 3. nombre des masses, donne 6. vîtesse de $3m2$ qui devient $3m6$, après le
choc, & $m12$ devient mo. *

SECONDES LOIX
de la communication des mouvemens.

XVI. Il y a cette différence essentielle entre l'a-
ction des corps qui se choquent, lorsqu'on les
suppose parfaitement durs par eux mêmes ou
sans ressort, & celle des corps qui ne sont durs
que par leur ressort, que l'action des corps durs
par supposition se communique de l'un à l'autre
immediatement, & dans un instant; & que
celle des corps durs à ressort, tels que sont
les corps durs ordinaires, ne se communique de
l'un à l'autre que successivement par l'entremise de la matiere subtile qui en penetre les pores, & qui reçoit & redonne l'impression des
corps qui se choquent. Comme cette différence
est le principal fondement de celle qui se trouve
entre les loix des mouvemens, desquelles je
viens de parler, & les loix qu'on tire des experiences, entant qu'elles frappent nos sens; c'est
une necessité de l'expliquer plus au long, & de
la bien démontrer.

16. Il faut certainement de la force pour agir
ou pour resister à quelque action. Les corps durs
qui font ressort se redressent lorsqu'on les a
courbez, ils resistent à l'effort qu'on fait pour
les rompre: ils ont donc quelque force. Or cette
force ne vient point du repos de leurs parties,
ni de celles qui les environne & qui les penetrent
Car un corps dur une fois courbé demeureroit
toûjours courbé. Donc il faut que les corps à
ressort se redressent par l'effort de quelque mou-

ment. En effet si l'on ne veut raisonner des corps & de leurs proprietez que sur les idées claires que l'on en peut avoir, on n'attribuera jamais à la matiere d'autre ⟨force ou d'autre⟩ action que celle qu'elle tire de son mouvement. Il faut donc reconnoître que la force du ressort vient de quelque mouvement. Or ce mouvement n'est point dans les parties qui composent les corps à ressort, puisque toutes ces parties demeurent en repos les unes auprés des autres, ⟨lorsque le ressort demeure bandé⟩ C'est donc une necessité de dire que le mouvement, qui fait la force des corps à ressort ✳ est celui de la matiere subtile ou invisible qui les environne, & qui en penetre les pores. On peut d'abord si l'on veut regarder cecy comme une supposition. Mais il faut le mediter serieusement pour le bien comprendre, & les autres suppositions que je vas faire ; car je consens volontiers qu'on regarde comme des suppositions ce que je vas dire On jugera plus sûrement dans la suite si ces suppositions sont des veritez ou des pures imaginations.

17. Soit A un corps ordinaire soutenu & arrêté sur un plan immobile & infiniment dur. Si on le frappe avec un marteau aussi dur que le plan, il est clair ce me semble que la partie que le marteau choque immediatement, avancera, & poussera la matiére subtile qui penetre les pores du corps A les plus proches de la partie choquée ; que cette matiere subtile pressera la partie qui l'a poussée, aussi-bien que celles du corps A qui sont plus avancées, ou plus proches du plan ; & que ces parties plus avancées en pousseront encore d'autres de même qu'on vient de dire qu'à fait la partie choquée. Or si cette matiere subtile, qui seule independémment de ce choc a de l'action, comme je viens de le prouver, trouve peu de resistance dans le corps

A pour continuer son mouvement particulier, & celuy qu'elle reçoit du coup du marteau ; le corps A s'applatira : parce que les petites parties qui le composent, n'étant point éxactement unies les unes avec les autres, à cause que chacune d'elles est ou entierement ou presqu'entierement separée de sa voisine par la matiere subtile qui l'environne, le moindre effort peut changer leur situation. Je ne dois pas m'expliquer icy plus au long.

XVIII. 18. Mais si la matiere subtile trouve dans le corps A beaucoup de resistance à continuer son mouvement particulier, & celuy qu'elle reçoit du coup, ou bien elle se fera quelqu'autre voye, ou elle puisse facilement continuer à se mouvoir comme auparavant. Et alors le corps A demeurera quelque peu applati apres le coup ; & cela à proportion de la force du coup.

XIX 19. Ou bien cette même matiere ne pourra changer la tissure & l'arrangement des parties du corps A, ni en le brisant se faire une autre voye ou elle puisse continuer à se mouvoir avec la même facilité qu'auparavant, de sorte qu'elle sera forcée de retourner toute entiere dans les pores qu'elle avoit en partie abandonnez. Et alors ce corps A paroîtra tel qu'il étoit avant le choc. On appelle *mou* le corps A, s'il s'applatit facilement, *dur* s'il ne s'applatit qu'avec peine, & à ressort, s'il se rétablit promptement apres le choc dans son premier état.

XX. 20. Il suit de cecy 1. que lors qu'un corps en choque un autre qui est en arrêt, ou qui lui resiste, le mouvement qu'imprime le choc ne se communique pas tout entier en un instant. Car puisque les parties du corps choqué, & de la matiere subtile qui est dans leurs pores cédent du moins quelque peu à l'effort du choc, il est évident que le corps choquant continuë son impreſſion, car ce corps continuë d'avancer tant que le choqué lui cede.

2. Que dans le choquant il arrive la même choſe, ſçavoir que la réaction du corps choqué, & de la matiere ſubtile contre le choquant ne ſe fait pas toute entiére en un inſtant, mais ſucceſſivement, & d'une partie à ſa voiſine, de ſorte qu'elle n'eſt compléte que lors que la partie du choquant la plus éloignée du point de rencoutre n'avance plus vers le corps choqué.

3. Que lorſque l'effort de la matiere ſubtile, trop comprimée eſt égal à la force ~~qui reſte au choquant~~, il ſe fait une eſpece d'equilibre apres lequel commence le réjailliſſement, qui augmente ſucceſſivement, mais fort promtement; & d'autant plus promptement que la force du reſſort eſt plus grande; ou ce qui eſt la même choſe, que la matiere ſubtile à été plus comprimée par la reſiſtance que le corps choqué a fait au choquant.

21. On a prouvé cy-devant que ſi deux corps infiniment durs mûs, par des mouvemens contraires, ſe choquent, le plus fort ne reçoit aucune force ou aucun effet du choc du plus foible, parce que le mouvement ne ſe perd point, que le plus fort ne peut recevoir du mouvement du plus foible ſans avoir en même temps deux mouvemens contraires, & que la force des corps, ou l'effet de leur choc ne peut être que du mouvement, ou du tranſport actuel. Mais il n'en eſt pas de même des corps à reſſort quelque durs qu'on les ſuppoſe. Dont la raiſon eſt que ces ſortes de corps ne communiquent leur mouvement que ſucceſſivement. Ainſi quoy que le plus foible ne puiſſe vaincre le plus fort, il peut vaincre une certaine quantité de petites parties qu'il choque

dans le plus fort , lesquelles ne soint point suffisamment soutenuës par celles qui sont éloignées
de l'endroit ou se fait le choc : parce que ce
corps n'est point dur par luy-même , mais par
la matiere subtile qui préte pour ainsi dire , &
qui céde toûjours à l'effort du choc.

$m2.$ $m.$

| 6 | 5 | 4 | 3 | 2 | 1 |

| a | b | c | d | e | f |

† ou faire mieux comprendre ce que je viens de dire des corps qui font ressort

22. Pour expliquer cecy , † soient les deux
corps $m2$ & m, c'est à dire deux corps égaux,
mais dont la vîtesse de l'un soit double de la vîtesse de l'autre , & qui se meuvent par des mouvemens contraires. Si ces corps sont infiniment
durs , & qu'ils agissent immediatement, & en
un instant l'un sur l'autre , $m2$ deviendra mo
apres le choc, & m deviendra $m3$, parce que le
plus foible m ne peut vaincre le plus fort $m2$, &
que son propre effort retombe sur luy avec l'effort, de $m2$.† Mais si l'on considere que ces deux
corps sont composez d'une infinité de petites
parties ou de petits corps, comme 1. 2. 3. 4. &c.
a. b. c. d. &c qui sont en repos les uns auprés
des autres , & de la matiere subtile qui est entr'eux , & qui les soutient , & les comprime,
on verra bien. Premierement que les deux parties
a & b ont autant de force que la partie 1, quoique de vîtesse double. Secondement que les
trois a. b. c. la doivent vaincre, & l'obliger à
reculer jusqu'à ce que la partie 2. la soutien-
ne. Troisiémement que les parties 1. 2. doivent faire reculer a. b. c. & qu'ainsi les petits
corps sont repoussez en arriere dans $m2$, aussi
bien que dans m, par cette raison encore un coup
que $m2$ n'agit point en un instant , & selon toute sa force sur m, à cause que la matiere subtile

† dans la supposition que le mouvemens ne se perde point car la reaction est toujours egale à l'action

qui

qui est entre les petits corps *a. b. c. 1. 2. 3.*
cede jusqu'à un certain point , ou l'effort du
choc est en équilibre avec la resistance de la matiere subtile , équilibre qui ne peut durer qu'un
instant

XXIII 23 Or apres cet équilibre , la matiere subtile
trop comprimée , c'est à dire trop contrainte
dans son mouvement , retournant avec toute la
force dont le choc l'avoit comprimée (si le ressort est parfait ,) dans les pores dont elle avoit
été chassée en partie , repousse également de part
& d'autre les corps qui s'étoient choquez. Je dis
également parce que supposant ces corps de même nature , le plus fort n'a pû chasser la matiere
subtile des pores du plus foible , que parce que
le plus foible luy resistoit par un mouvement
contraire , & qu'il ne pouvoit luy resister qu'il
ne fît dans une partie du plus fort égale à sa
masse propre , la compression qu'il souffroit
luy-même , ou une compression d'autant plus
grande que la partie de la masse comprimée
étoit plus petite ; car il ne peut y avoir équilibre sans égalité de forces contraires Mais quoy
que les corps choquez soient repoussez également par la matiere subtile , ils ne doivent pas
rejaillir avec une égale vîtesse si ce n'est qu'etant
égaux , ils se fussent choquez avec des vîtesses
égales. *Venons voiez la pag. II du manuscrit*

XXIV 24. Il faut sur tout bien remarquer deux choses qui arrivent dans le choc des corps. La 1.
que si on suppose que le ressort soit parfait , la
réaction de la matiere subtile sur chacun des
corps choquez par des mouvemens contraires,
sera précisement égale à la force du plus foible,
& non pas à la force du plus fort , ni à celle
que produit le choc. De sorte que si un
corps est en repos , ou n'a point de mouvement

B

contraire, on peut regarder la réaction comme nulle. Et cela seul suffit pour faire voir que les loix des mouvemens doivent en ce cas être les mêmes pour les corps infiniment durs, & pour les corps à ressort. Car je ne considere point icy la resistance de l'air, ny celle de la pesanteur, ny aucune autre, je ne considere que celle des mouvemens contraires qu'ont les corps qui se choquent, *et je suppose comme certain que le repos n'a nulle force pour resister au mouvement.*

XXV

25. La seconde dont dependent les loix des mouvemens, lorsque les corps se choquent par des mouvemens contraires, est que le plus foible n'est pas seulement répoussé par une réaction de la matiere subtile égale à la force qu'il avoit avant le choc, mais encore par l'excez de la force du plus fort sur la sienne, dont le plus fort lui communique du moins une partie. *lui communique cet excez tout entier, s'il est le plus petit, aussi bien que le plus fort: mais s'il est le plus grand il ne pousse que selon sa vitesse le petit aussi voit-on.* Car il arrive toûjours que, lors que deux corps à ressort sont choquez par des mouvemens contraires, le plus foible réjaillit avec bien plus de vîtesse qu'il n'étoit venu. Ces principes supposez, venons aux secondes loix du mouvement. Mais j'avertis encore un coup que je fais abstraction de la resistance de l'air, de celle de la matiere subtile qu'on attribue communement à la pesanteur des corps, & de celle enfin qui vient de la diversité de leurs figures; circonstances qui doivent causer des varietez infinies dans ces loix. En un mot je ne considere dans les corps mous que leur masse & leur vîtesse, & dans les corps durs que leur masse, leur vîtesse & la force du ressort qu'ils tirent de la compression, ou de la réaction de la matiere subtile, *et je suppose que le repos n'ait point de force.*

LOY GENERALE POUR
les corps mous.

XXVI 26. Si un corps en attrappe un autre, ou le rencontre en repos, tout le mouvement se partagera également dans toutes lesparties, & ils iront de compagnie avec une vîtesse égale à l'exposant de tout le mouvement divisé par toutes les masses. Que si les deux corps vont l'un contre l'autre, ils s'applatiront en une infinité de manieres differentes, selon les diverses suppositions des vîtesses & des figures des corps. Mais la partie du plus fort, qui multipliée par sa vîtesse est l'excez de la force du plus fort sur le plus foible, continuera son chemin avec la même vîtesse qu'auparavant. Cependant si pour accorder cecy avec les experiences qu'on peut faire, on veut supposer que les corps mous ont quelque dureté par l'air ou la matiere subtile qui les comprime; & que l'air résiste au mouvement lateral qui est composé des deux determinations contraires du choc, & cela suffisamment pour empêcher que le corps mou le plus fort ne perce à jour le plus foible; alors les deux corps s'applatiront, leurs mouvemens contraires se détruiront en apparence, & l'excez de la force du plus fort divisée par les masses des deux corps sera la vîtesse avec laquelle ils iront de compagnie. Il me semble que cela n'a besoin ny d'explication, ny de preuve, *suppose que le repos n'ait point de force, et que la pesanteur et l'air ne fasse aucune resistance*

B ij

[annotation manuscrite, marge supérieure :] qui y fait une infinité de petis tourbillons pour remplir / pour le mouvement tres different. elle est agitée n'a / poine de reaction, si elle n'est comprimée, c'est a dire si / les pores du corps ou elle est ne sont changés, & ne resistent

LOY GÉNÉRALE POUR
les corps à ressort, lors que les mouve-mens ne font point contraires.

[annotation manuscrite, marge gauche :] à son mouvement / il est clair que / lorsqu'un

XXVII. 27. Puifque la matiere fubtile n'a point de réaction fi elle n'eft comprimée, & qu'elle n'eft comprimée dans le choc des corps que par leur réfiftance, & à proportion de leur réfiftance, fi un corps à reffort, en choque un autre qui foit en repos, ou qui n'a point de mouvement contraire pour luy réfifter, il eft clair qu'il obfervera les mêmes loix de mouvement que les corps durs fans reffort, car un reffort qui n'eft point bandé n'a nul effet. Or encore un coup, le reffort des corps n'eft bandé, ou ce qui eft la même chofe, la matiere fubtile n'eft comprimée qu'à proportion de la réfiftance que le corps choqué fait au choquant.

[annotation manuscrite, marge gauche :] † fe doivent / obferver que / dans

[annotation manuscrite, marge gauche :] † ou le fluide de / qui l'environne

On pourroit peut-être s'imaginer qu'un corps en repos réfifte effectivement au mouvement de celui qui le choque avec beaucoep de vîteffe. Car puis qu'il faut qu'un même corps ait une force double pour donner à un autre qu'il rencontre une vîteffe double, une force triple pour une vîteffe triple, on pourroit croire que cela vient de ce que les corps en repos réfiftent doublement à une vîteffe double. Mais il faut prendre garde que s'il faut le double de force pour donner à un corps une vîteffe double, cela ne vient nullement de ce que le repos a une force veritable, mais de ce qu'il faut que la caufe réponde à l'effet. Par exemple pour créer deux pieds de matiere, il faut le double d'action ou de volonté active dans le Créateur, que pour n'en créer qu'un pied. Mais ce feroit fort mal raifonner que d'en conclure que le neant réfifte effe-

ctivement à l'action du Createur. Un corps en
repos quelque grand qu'il soit, ne peut donc résister à un fort petit, quoy qu'il en soit choqué
avec une grande vîtesse, parce qu'il peut en re- *Se repose*
cevoir l'impression, en prenant une vîtesse qui *demeure en*
soit en raison reciproque de sa masse. Mais si *repos.*
un grand corps avoit quelque mouvement contraire à celui d'un petit, & que ce grand corps
fût infiniment dur, il ne pourroit s'il étoit le
plus fort en rien recevoir du petit. Car un corps *dur sans ressort*
ne peut en même tems avoir deux mouvemens
contraires *dans les parties dont il est composé.*

Il n'y a pas ce me semble beaucoup de difficulté dans ce qui regarde les loix des corps
mous, ny même *dans* celles des corps durs à ressort,
lors que leurs mouvemens ne sont point contraires. Mais il n'est pas facile d'en établir pour
les corps à ressort qui ont des mouvemens contraires. Voicy neanmoins ce que je crois qu'il
faut faire pour sçavoir la force ou le mouvement de chacun des corps après le choc.

REGLE GENERALE
pour les corps durs à ressort qui se cho-
quent par des mouvemens contraires.

28. 1. Retranchez du plus fort la quantité de
la force du plus foible. Car (par 22.) entre
l'instant du choc & celuy de l'équilibre, le corps
le plus fort a autant perdu de mouvement que le
plus petit. Mais il faut prendre garde que si le
plus fort est le plus grand, le retranchement ne
doit tomber que sur la masse.

Par exemple si on veut retrancher $m6$ de $3m6$,
il faut prendre $2m6$, & non pas $3m4$. Car les
plus grands corps agissant sur les petits à raison
de leurs vîtesses, quoy que les forces $2m6$ &

3m4 ſoient égales, 2m6 peut communiquer à mo ſix degrez de vîteſſe, au lieu que 3m4 n'en peut donner que quatre. Et la raiſon de cecy eſt qu'on doit regarder dans le plus grand corps la partie choquée comme en repos, dans l'inſtant de l'équilibre, & celle qui eſt éloignée de l'endroit du choc, comme en mouvement, parce qu'elle avance effectivement encore, & qu'elle preſſe la partie choquée contre le corps le plus foible à proportion de ſa vîteſſe, de ſorte que la partie choquée du plus fort ne ſert plus qu'à tranſmettre l'action de celle qui la ſuit derriere. Lors que pluſieurs dames de Tric-trac ſont rangées ſur une ligne droite en repos les unes auprès des autres, ſi on choque la premiere avec une certaine vîteſſe, quoy que celles du milieu demeurent comme en repos, la derniere ſera mûë avec la même vîteſſe. C'eſt icy à peu près la même choſe. Ainſi le retranchement dont je viens de parler ne doit pas tomber ſur la vîteſſe mais ſur la maſſe, puiſque dans l'inſtant de l'équilibre la partie du grand corps qui eſt choquée eſt comme en repos, ſans force particuliere, *et que l'autre partie de ce grand corps conserve toute sa vitesse, je l'expliqueray*

2. Retranchez encore le produit de ſa vîteſſe par la maſſe du plus petit des deux corps. Mais remarquez que quoy que le plus fort ſoit le plus grand, il doit ~~paſſer pour~~ *estre regardé comme* le plus petit, s'il eſt moins d'une fois plus grand que le plus petit. Car on *Aulieu de voir qu'on l'a* l'aura diminué d'une maſſe égale à celle du plus petit. Et en ce cas luy retrancher le produit de ſa vîteſſe par la maſſe du plus petit, c'eſt lui retrancher tout le mouvement qui lui reſte. La raiſon de ce ſecond retranchement eſt que dans l'inſtant qui ſuit immediatement celui de l'équilibre, le plus foible n'ayant plus de mouvement contraire, il reçoit la partie du mouve-

---

Notes marginales (manuscrites) :

pourroit plus

ce qui ſeule
avoir porté
pour ceſtte
qui perir

‡ encore cela
dans les 3es loix

‡ 3 m6 étendu
devenu 2 m6
et non 3 m 4
apres le choc
de m6

ment du plus fort que les premieres loix deter-
minent dans un cas semblable ; parce que [*apres l'instant de l'equilibre la*]
compression qui repond à la force du choc étant
achevée, le plus foible reçoit tout d'un coup, &
non peu à peu l'impression du plus fort, †& cela [†*(avec celle de la reaction de la matiere subtile dont je vas parler)*]
par l'entremise de la partie choquée du plus fort
qui appuye sur le plus foible. Mais si le plus fort
est le plus petit, retranchez luy toute la force
qui luy reste

3. Retranchez encore une fois du plus fort la
quantité de la force du plus foible avant le
choc, parce qu'elle est égale à la réaction de la [*à laquelle le repousse en sens contraire*]
matiere subtile (par 22. & 23.) Car quoy que
le plus fort ne reçoive rien du plus foible, dans
le choc des corps durs par eux mêmes, il n'en
est pas de même dans le choc des corps durs
à ressort ; parce que les petites parties dont ils [†*à la reaction de la matiere subtile si le ressort de ces corps est egal o*]
font composez, & la matiere subtile qui est dans
leurs pores cedent également †dans les deux
corps s'ils sont de même nature.

4. Ajoûtez ensemble tous ces retranchemens,
& si la somme est plus petite que la quantité du
mouvement du plus fort avant le choc, il continuera son chemin avec la force qui luy reste :
si elle est plus grande, il reculera avec la force
de cet excez : & si elle est égale, il demeurera
en repos. [*Il est facile de juger ce qui doit arriver au plus foible, soit qu'il soit le plus grand ou le plus petit, si l'on conçoit bien ce qui doit arriver au plus grand.*]

DEUX REGLES
particulieres lorsque le plus fort est le
plus petit, & lors qu'ils sont tous
deux égaux.

XXIX 29. 1. Lorsque le plus petit est le plus fort,
retranchez en tout son mouvement, & donnez
lui celui qu'avoit le plus foible avant le choc,

qui est égal à la force de la réaction de la matiere subtile. Cette force divisée par la masse du
plus petit, donnera la vîtesse de son réjaillissement.

2. Lors qu'ils sont tous deux égaux, quelque
vîtesse qu'ils ayent, ils doivent réjaillir en faisant
une permutation reciproque de leurs vîtesses.

On pourra reconnoître aisement ce qui doit
arrriver au plus foible apres le choc, lors qu'on
comprendra bien la regle generale, & les raisons sur lesquelles elle est appuyée, c'est pour-
quoy il faut l'eclaircir par des exemples.

PREMIER EXEMPLE.

16. Soient deux corps à ressort A & B qui se
choquent par des mouvemens contraires, A
par 3m12, & B par m12.

1. Retranchez m12 de 3m12, vous aurez
2m12 pour la force du corps A dans l'instant de
l'équilibre.

2. Puisque dans l'instant qui suit l'équilibre
le corps B n'a plus de force contraire, & qu'il
est poussé par A avec la force 2m12, il recevra
suivant les 1. loix m12: Donc le corps A sera
encore poussé en même sens par m12, & B aussi,
mais en sens contraire.

3. Cependant la matiere subtile trop comprimée agissant aussi dans le même tems également sur les deux corps, elle fera qu'ils se
pousseront encore chacun avec la force m12,
puisque sa réaction sur chacun des corps est
égale à la force du plus foible. Donc B aura pour
son réjaillissement m24, & A sera 3m0 Et la force ~~m24 qui a été communiquée à la matiere subtile qui penetre les deux corps, & ensuite à celle
qui les environne, lui fera faire mille mouve-
mens~~

[notes manuscrites en marge et au bas de la page :]

+ car 2m12 agir selon sa vitesse 12

† ou 3m4

quantité absolue de mouvement m24 sera de la suite. mais il restera toujours la meme quantité relative de mouvement en meme part. car 3m12 et m12 en sens contraire, c'est-à-dire 3m12 moins m12 egal à 2m12, qui restent de mesme part. ainsi on peut dire qu'il reste toujours la meme force puisque 3m12 — m12 = m24. ce signe — marque le mouvement en sens contraire a cel...

mens, & aux corps A & B mille vibrations qui frapperont l'air tant grossier que subtil, de sorte que le mouvement se communique toûjours par des loix invariables sans jamais se perdre.

SECOND EXEMPLE.

Soit A ∞ $m4$.   B ∞ $\dfrac{m}{3}$.

1. A ∞ $m4$ — $m\dfrac{2}{3}$ ∞ $m\dfrac{10}{3}$. B ∞ mo.

2. A ∞ mo.   B ∞ — $m\dfrac{10}{3}$.

3. A ∞ — $m\dfrac{2}{3}$ B ∞ — $m\dfrac{10}{3}$ — $m\dfrac{2}{3}$ ∞ — $m4$.

Ce signe — marque le mouvement en sens contraire.

4. Donc A rejaillira avec la vîtesse de B, & B avec celle de A. Ces deux corps feront une permutation réciproque de leurs mouvemens, & cela est general lorsque les corps sont égaux quelque vîtesse qu'ils ayent. De sorte que lors que les corps sont égaux, quoique l'on puisse se servir de la regle, le plus court est de les faire rejaillir en changeant réciproquement leurs vîtesses.

TROISIE'ME EXEMPLE.

Soit A ∞ $3m12$, & B ∞ $2m12$.

1. A ∞ $3m12$ — $2m12$. B ∞ $2mo$.

2. A $3mo$.   B ∞ — $2m6$ ou — $3m12$ ╪ $2m12$.

3. A ∞ — $3m8$.   B ∞ — $2m18$.

4. Donc A rejaillit avec 8. dégrez de vîtesse & B avec 18.

C

QUATRIE'ME EXEMPLE.

Soit A ⊃0 4m12.   B ⊃0 m12.

1. A ⊃0 4m12 — m12.   B ⊃0 mo.

2. A ⊃0 4m12 — 2m12.   B ⊃0 —m12.

3. A ⊃0 4m12 — 3m12.   B ⊃0 — 2m12 ⊃0 —
                                                           m24.

4. 4m12 — 3m12 ⊃0 m12 ⊃0 4m3; donc A continuera avec trois dégrez de vîtesse, & B rejaillira avec 24.

CINQUIE'ME EXEMPLE.

Soit A ⊃0 4m12.   B ⊃0 2m3.

1. A ⊃0 4m12 — 2m3.   B ⊃0 2mo.

2. A ⊃0 4m12 — 2m3 — 2m12.   B ⊃0 — 2m12.

3. A ⊃0 4m12 — 2m3 — 2m12   B ⊃0 — 2m12
            — 2m3.   — 2m3.

4. Donc A ⊃0 4m3, & B ⊃0 — 2m15. Donc A avec 3. dégrez de vîtesse continuera son chemin, & B rejaillira avec 15.

SIXSIE'ME EXEMPLE.

Soit A ⊃0 m24.   B ⊃0 4m2.

1. A ⊃0 m24 — 4m2.   B ⊃0 4mo.

2. A ⊃0 mo.   B ⊃0 — m24 + 4m2.

3. A ⊃0 — 4m2 ⊃0 — m8. B ⊃0 — m24 ⊃0 —
                                                           4m6.

4 Donc A rejaillira avec 8. degrez de vîtesse, & B avec 6.

COROLLAIRE PREMIER.

XXX) Il suit de cette regle que deux corps égaux ou
inégaux à ressort parfait, ou même imparfait,
mais égal dans l'un & dans l'autre, se choquant avec des vîtesses contraires égales ou
inégales, il suit dis-je, que la somme du mouvement en avant qui précede le choc, & de celui en arriere qui le suit, est égale dans chacun
des corps. C'est à dire,

1. Que s'ils reculent tous deux apres le choc,
la somme du mouvement en avant & en arriere
de chacun d'eux sera égale. Par exemple $m12$
choquant $m6$, si $m12$ rejaillit $m6$, $m6$ rejaillira
$m12$; ce qui arrive lorsque le ressort est parfait.
Que si $m12$ rejaillit $m2$, $m6$ rejaillira $m8$, ce qui
peut arriver lorsque le ressort est imparfait. Or
dans le premier cas $m12 + m6 \gtrless m6 + m12$,
& dans le second $m12 + m2 \gtrless m6 + m8$.

2. Que s'il n'y en a qu'un qui rejaillisse, &
que l'autre demeure en repos, le mouvement
du plus fort qui demeure en repos sera égal à
la somme du mouvement en avant & en arriere
du plus foible. Par exemple $3m12$ rencontrant
$m12$, si $3m12$ devient $3m0$, $m12$ rejaillira $m24$.
Or le mouvement $3m12 \gtrless m12 + m24$.

3. Que si le plus fort continuë de se mouvoir
apres le choc, la somme de son mouvement
avant le choc, & de son mouvement en arriere
qui dans ce cas sera negatif, sera égale à la somme du mouvement en avant, & en arriere du
plus foible. Par exemple que $6m12$ choquant
$m12$, si $m12$ recule $m24$, $6m12$ continuera son

C ij

chemin $6m6$, & par conséquent son mouvement en arriere sera $-6m6$. Or $6m12 - 6m6$
$\infty m12 + m24$.

La preuve de tout ceci est claire. Car dans le
premier instant les deux corps perdent également de leur mouvement en avant (par 21.) &
dans le troisiéme instant ils aquierent encore
également du mouvement en arriere (par 23.)
Or dans le deuxiéme instant le plus fort, s'il
est plus petit, donne tout son mouvement au
plus foible qu'il trouve en repos dans l'instant
de l'équilibre. Ainsi il lui donne autant de mouvement en arriere qu'il en avoit lui même en
avant. Donc en ce cas l'égalité dont il est question, est visible. Mais si le plus fort est le plus
grand, il donne au plus foible autant de mouvement en arriere, qu'il lui communique de celui qu'il avoit en avant. Et le plus fort avec la
force qui lui reste continuant son mouvement
en avant qui est du mouvement en arriere negatif, il est clair qu'il y a toûjours égalité dans la
somme des mouvemens en avant & en arriere
apres le choc dans chacun des corps, parce
que $3m12$ en avant est la même chose que
$-3m12$ en arriere.

COROLLAIRE DEUXIE'ME

XXXII　　Il suit encore de là que le mouvement de même part demeure toûjours le même devant &
apres le choc. Par exemple si $4m12$ choque $2m3$,
on aura $4m3$ & $2m15$ de même part qui est égal
à $4m12$ moins $2m3$ qui est un mouvement
contraire. *De sorte que si Dieu ne conserve pas toujours*
absolument la mesme quantité de mouvement dans la matiere,
il en conserve du moins la mesme quantité de mesme part,
et par consequent en un sens la mesme force; car un
corps poussé en avant comme 6, et repoussé en arriere
comme 2, n'a réellement de force en avant que comme 4

COROLLAIRE TROSIÉME.

Donc dans le choc des corps si on connoît les mouvemens en avant & en arriere d'un corps, & celui en avant ou en arriere de l'autre, on connoît le quatriéme.

Or il faut remarquer que ce Corollaire étant confirmé par plusieurs experiences faites avec soin, prouve clairement que la réaction de la matiere subtile repousse également les deux corps quoi qu'inégaux en masse & en vîtesse, qui est à mon avis la seule chose dont on pouvoit douter avec quelque raison dans les preuves Physiques que je viens de donner des loix du mouvement, *dans le vuide, mais cela se verra encore mieux dan*

31. Je ne pretens pas neanmoins que ces loix *Les 3es Loix* des communications des mouvemens doivent toujours s'accorder avec l'experience, ou plûtôt avec ce qu'il y a de visible ou de sensible dans les experiences. Car lorsque deux corps se choquent, il se fait en eux plus de changement que nous n'en voyons. Je pretens seulement que ces loix n'en sont pas moins conformes à la raison, quoi qu'elles soient contraires à ce qui frappe nos sens dans les experiences. Mais afin qu'on puisse mieux juger de leur verité, il est necessaire d'ajoûter encore certaines reflexions sur les circonstances qui accompagnent le choc des corps, par le moyen desquelles on connoîtra à peu prés *pourquoi* quand ces loix doivent s'accorder avec l'experience, & quand elles y doivent être tout fait contraires *en bien des rencontres.*

32. 1. L'on a supposé dans les corps un ressort parfait, & il n'y eut jamais de tel corps. Car il est clair que la force du ressort des corps dependant de celle de la matiere subtile qui en pene-

C iij

tre le pores , si deux corps se choquent avec une
force plus grande que celle par laquelle cette
matiere unit & comprime les petites parties qui
sont proches de l'endroit ou se fait le choc dans
le corps dur, il est clair, dis-je, que la force de
son ressort recevra quelque diminution par la
separation de quelques-unes de ses parties. On
peut encore concevoir plusieurs autres causes de
la diminution de la force du ressort, parce que la
matiere subtile† pour être poussée avec trop de
force , & chassée trop loin des pores qu'elle pe-
netroit, pour y revenir assez promptement avec
la même force qu'elle avoit avant le choc. Ainsi
quoi que deux boules de verre ou d'yvoire qui
se choquent legerement avec des mouvemens
contraires, rejaillissent avec une certaine vîtesse , il ne s'ensuit nullement qu'en augmentant
leurs mouvemens avant le choc dans la même
proportion, ils doivent toûjours rejaillir avec des
vîtesses réglées sur la même loy. Car au contraire les mouvemens des corps avant le choc pour-
roient être si grands par l'augmentation de leur
vîtesse ou de leur masse, que leurs rejaillissemens
diminueroient au lieu d'augmenter , ou cesse-
roient même de se faire.‡ Cependant j'avoüe
que le ressort des boulles de verre ou d'yvoire
doit être regardé comme ressort parfait à l'egard
des experiences ordinaires , parce que dans ces
experiences on ne les fait pas choquer trop ru-
dement, & que leur masse aussi bien que leur
vîtesse est mediocre.

XXXV. La seconde chose qui empêche que les loix
que je viens de donner ne soient observées est
la résistance de l'air. Or cette resistance est plus
grande, si les corps au mouvement duquel l'air
resiste a plus de surface ou de vîtesse. Car pre-
mierement†la résistance augmente en même rai-

Notes manuscrites en marge :

† au lieu
d'être pressée
ou comprimée
par le choc
peut

‡ quelques-unes
de leurs parties
se cassant au
lieu de se
mettre en
ressort

† la vîtesse
étant egale,

son que la surface. La raison en est evidente. se-
condement† la resistance augmente en raison
doublée de la vîtesse. De sorte que si la vîtesse
est 1, la resistance sera 1. si la vîtesse est 2, la
resistance sera 4. si la vîtesse est 3, la resistance
sera 9. Dont la raison est que si un corps va
deux fois plus vîte qu'un autre, non seulement
il rencontre dans le même tems deux fois plus
d'air, mais il le pousse encore deux fois plus
fort, ce qui fait 4. quarré de la vîtesse 2. s'il
va trois fois plus vîte, il pousse trois fois plus
d'air dans le même tems, & trois fois plus fort,
ce qui fait 9. quarré de la vîtesse 3.

Il suit de cela du moins en partie que si un
grand corps est suspendu & en repos, & qu'un
fort petit le choque, il rejaillira : que si c'est
un ais assez grand qui soit suspendu, un coup
de mousquet le percera sans que cet ais avance
notablement : ce qui est contraire aux loix que
je viens de donner.

XXXVI 33. La 3. cause de l'inobservation ~~apparente~~
de ces loix, & qui est beaucoup plus conside-
rable que celle de l'air, c'est la resistance qu'on
attribuë communement à la pesanteur, à cause
que la resistance est d'autant plus grande que
les corps sont plus pesans. Si un corps fort pesant
est suspendu en repos, & qu'un autre fort leger
en comparaison de lui, mais d'un égal volume
si l'on veut, le choque ; le leger rejaillira contre
les loix que j'ai données. Or ce ne sera pas â
cause de la resistance de l'air, car ces deux corps
sont supposez de pareil volume. ~~Donc~~ Ce sera
a cause de la pesanteur. Car plus les corps sont
pesans, plus il resistent quand ils sont choquez,
quoi que suspendus à une corde, & dans un
parfait repos. Ce raisonnement paroît assez
juste. Mais, ~~quoi :~~ ce qui fait la pesanteur d'un

corps est une force qui le pousse de haut en bas.
Or un corps suspendu & choqué par un autre
est poussé horizontalement, & un tel mouvement n'est point contraire à celui de haut en bas.
Donc la resistance à ce mouvement horizontal
ne peut venir de la pesanteur. Que si on pre-
tend que la resistance que fait un corps suspendu vient de ce qu'il monteroit quelque peu s'il
avançoit : assurement on se trompe. Car outre
qu'il monteroit d'abord insensiblement, il fau-
droit que ce même corps suspendu a une corde
longue de dix pieds fît dix fois moins de resistance que s'il étoit suspendu à une corde longue d'un pied. Car les arcs semblables & les sinus verses sont entr'eux comme les rayons ;
& un corps suspendu & poussé ne monte que de
la quantité du sinus verse de l'arc qu'il decrit.
Il est donc certain que la resistance dont il est
question ne vient point de la pesanteur quoique l'experience nous apprenne qu'elle augmente
dans la même proportion que la pesanteur. C'est
la difficulté qu'il faut tâcher d'éclaircir.

XXXVII. 34. On convient assez que les corps les plus
pesans sont ceux qui ont le moins de pores, ou
de plus petits. Or il est évident que l'air ou
quelque fluide que ce soit ne resiste au mouvement d'un corps que parce que ce corps déplace
les petites parties de l'air ou du fluide, & les
chasse devant lui, & plus un corps est serré, &
a moins de pores par ou l'air tant grossier que
subtil puisse passer, & plus il est obligé de chasser devant lui de parties de ce fluide. Donc plus
un corps est pesant, plus il trouve de resistance
à être mû même horizontalement, & sur tout
s'il est mû avec beaucoup de vîtesse par les raisons que je viens de donner. Par exemple quoi
qu'on remuë une raquette dans l'air avec beau-

coup de vîtesse , on ne trouve presque point de
resiffance parce que l'air passe librement par les
trous de la raquette , & qu'elle ne pousse que
les parties d'air que rencontre ses cordes , & le
bois dont elle est composée. Si l'on mettoit sur
cette raquette une peau trouée comme l'est un
crible, la resistance seroit plus grande , parce
que l'air n'y passeroit pas si librement, & que la
peau en choqueroit un plus grand nombre de
parties que la raquette toute seule. Si donc on
conçoit que tous les corps sont comme des cri-
bles à l'égard de la matiere subtile , & que les
plus pesans sont ceux qui ont moins de trous,
ou de plus petits , on verra sans peine par cette
comparaison que les plus pesans apportent plus
de resistance au mouvement , parce qu'ils dé-
placent plus de parties de la matiere subtile. Il
faut seulement remarquer qu'il y a cette difference entre la resistance de l'air & celle de la
matiere subtile , que celle de l'air n'augmente
qu'à proportion de la grrandeur de la surface
des corps en mouvement ; parce que l'air grossier dont je parle n'en penetre pas les pores : au
lieu que celle de la matiere subtile augmente à
peu prés comme leur masse ou leur solidité ;
parce que cette matiere en penetre les pores †
qu'un corps ne peut être mû qu'il ne pousse la
matiere subtile qu'il renferme en lui-même.
Et c'est principalement pour cette raison que la
resistance de la pesanteur , puis qu'on la nomme
ainsi , est bien plus grande que la resistance
de l'air : ~~outre~~ qu'il y a peut-être mille fois
plus de matiere subtile que d'air à déplacer
pour donner passage aux corps solides. Mais ce
n'est pas ici le lieu d'entrer dans ce détail de la
Physique qui demande beaucoup de tems, &
un grand nombre d'experiences.

XXXVIII　35. Les differentes figures des corps qui se choquent doivent encore apporter beaucoup de varietez dans les communications des mouvemens, principalement à cause de la resistance de l'air qui est plus grande quand un corps a plus de largeur, parce qu'il pousse plus de particules d'air, & que s'il est mû avec beaucoup de vîtesse, l'air n'a pas assez de mouvement pour circuler promtement, & prendre par derriere la place que quitte le corps. De sorte que pour faire des experiences où cette varieté fût moins sensible, il vaudroit mieux faire choquer deux Cylindres de mëme largeur, & de bases demisphériques dont l'un fût double ou triple de l'autre, que de faire choquer deux boules de different volume. Mais ce sont là des reflections qui se presentent naturellement à l'esprit, & il seroit inutile de s'y arrêter davantage. Venons aux troisiémes & dernieres loix du mouvement, qu'on a fondées sur un grand nombre d'experiences faites necessairement dans le plein, et tachons d'en trouver les raisons physiques.

REFLEXIONS
SUR LES
TROISIEMES LOIX.

Plusieurs sçavans Mathematiciens apres
avoir fait un grand nombre d'experiences sur le
choc des corps, nous ont donné les loix qui
suivent.

Regle Generale

Pour le choc des corps mous.

XXIV. 36. Lorsque deux corps mous se rencontrent,
les mouvemens contraires s'ils en ont, se detruisent, & ils vont de compagnie avec le mouvement qui leur reste. Ainsi leur vîtesse apres le
choc est égale à la difference de leurs mouvemens avant le choc divisée par la somme de
leurs masses. Mais s'ils n'ont point de mouvement contraire, ils vont de compagnie apres le
choc, avec la somme de leurs mouvemens. Ainsi
leur vîtesse est égale à la somme de leurs mouvemens divisée par la somme de leurs masses.
En ce cas ces troisiémes loix sont semblables aux
secondes.

Regle Generale

Pour le choc des corps à ressort.

XXV. 37. 1. Regardez-les d'abord comme des corps
mous. Ainsi divisez la somme ou la difference
de leurs mouvemens par la somme de leurs
masses ; la somme si leurs mouvemens ne sont
point contraires, & la difference s'ils le sont.
L'exposant de cette division marqueroit leur

vîtesse s'ils étoient mous.

2. Mais à cause du ressort distribuez reciproquement aux masses leur vîtesse respective, c'est à dire la somme, ou la difference des vîtesse avant le choc.

3. Ajoûtez les mouvemens semblables, & retranchez les contraires. Les exemples éclairciront la regle.

PREMIER EXEMPLE.

A ⚯ *m*14 rencontrant B ⚯ 3 *mo*.

1. A ⚯ *m*6.	B ⚯ 3*m*6.
2. ▓▓ — *m*18.	▓▓ 3*m*6.
3. *m*6 — *m*18 ⚯ — *m*12.	▓▓ 3*m*6 + 3*m*6 ⚯ 3*m*12.

Dont A aura *m*12 de mouvement en arriere, & B en aura 3*m*12 en avant.

SECOND EXEMPLE.

Soit maintenrnt A ⚯ *m*12 rencontrant B ⚯ 3*m*12 par des mouvemens contraires.

1. A ⚯ — *m*6.	B ⚯ 3*m*6.
2. ▓▓ — *m*18.	▓▓ — 3*m*6.
3. — *m*6 — *m*18 ⚯ — *m*24.	Et 3*m*6 — 3*m*6 ⚯ 3*m*0.

Dont A rejaillira *m*24, & B demeurera en repos.

TROISIE'ME EXEMPLE.

Soit A ∞ $m12$ qui attrappe B ∞ $3m4$.

1. A ∞ $m6$.	B ∞ $3m6$.
2. ▉ — $m6$.	$3m2$.
3. $m6$ — $m6$ ∞ $m0$.	$3m6$ + $3m2$ ∞ $3m8$.

Dont A demeurera en repos, & B sera $3m8$.

Il seroit inutile de donner d'autres exemples. Car la regle est claire, mais la raison Physique de la regle ne paroît pas d'abord parce que les operations qu'elle prescrit ne representent point à l'esprit les effets naturels. Je m'explique.

Cette regle prescrit deux choses. Car supposé que A ∞ $m24$ choque B ∞ $3m0$, elle prescrit.

1. De regarder ces deux corps comme mous & de les faire aller apres le choc d'égale vîtesse. Ainsi $m24$ devient $m6$, & $3m0$, $3m6$.

2. Elle prescrit de distribuer reciproquement aux masses la somme ou la difference des vîtesses, parce que les deux corps sont également repoussez. De sorte que $m6$ doit être repoussé en arriere avec la vîtesse 18, & $3m6$ en avant avec la vîtesse 6. Donc ajoûtant les vîtesses semblables, & retranchant les contraires, le corps A devient — $m12$, & le corps B. $3m12$. C'est à dire que le corps B. a $3m12$ de mouvement en avant, & A. $m12$ de mouvement en arriere.

XXVI. 38. Dans les regles qui regardent la Physique, il faut que les operations qu'elles prescrivent repondent aux effets naturels & les representent à l'esprit. Car si le calcul ne s'accorde point avec les operations de la nature, il est clair que la regle qui le prescrit n'est point fondée en raison quoi qu'elle puisse s'accorder *quelque fois* avec l'expe-rience. Une telle regle au lieu de nous conduire à quelque intelligence de la verité, nous est ordinairement une occasion d'erreur, ~~comme on le va faire voir dans l'examen de celle-cy.~~

1. Il est evident que ~~la premiere operation paroît fort étrange, puisqu'elle ordonne d'ap-pliquer à des corps durs la regle des corps mous. Ainsi le premier calcul ne paroît pas~~ *d'abord* ré-pondre à l'effet naturel qu'il doit representer à l'esprit.

~~2.~~ Mais quand ~~cette premiere pratique s'ac-corderoit avec la raison~~, il me paroît certain que la seconde ~~y est tout à fait opposée~~. Car en supposant que le corps A choquant B *en repos*, compri-me la matiere subtile de toute sa force qui est m24, la réaction de cette matiere subtile, ou la force du ressort ne sera que m24. Or en distri-buant selon la regle la vitesse 24 reciproque-ment aux masses, on repousse A avec la force m18, & B avec 3m6, c'est à dire que la force du ressort doit être m36, plus grande d'un tiers que m24 : & cette force auroit encore été plus grande, si le corps B avoit eu plus de masse. *H*

Or encore un coup la force du ressort, ou la réaction de la matiere subtile ne peut *pas ce semble* ~~jamais~~ surpasser la force qui l'a comprimée. Cela ~~est~~ *ne paroit* ~~evident par~~ *ni conforme à* la raison *ni même* ~~& certain par~~ l'experien-ce. *car* Si on laisse librement tomber une boule à ressort sur un plan de même nature *inebranlable*, jamais la boule ne remontera plus haut que le lieu dont elle est tombée. *Ces raisons sont vraisemblables* ~~Donc la seconde operation de~~ *m'ont autrefois fait douter de la justesse des* ~~la regle n'est point fondée en raison, ni par~~ *experiences qui m'inuenu d'abord comme la* ~~consequent la premiere, quoique l'assemblage~~ regle generale, ou plustost contre les operations qu'elle prescrit. cependant (comme dans les additions pag. 12

des deux puisse s'accorder avec l'experience, parce que l'erreur de la seconde peut rendre nulle celle de la premiere, à cause qu'elle ajoûte ou corps B, $m6$ ou $3m2$, que la premiere avoit donné moins qu'il ne falloit, ainsi qu'on verra incontinent. Mais si on pretendoit conclure de la seconde pratique que prescrit la regle, que la force du ressort est souvent plus grande que celle du choc, & qu'ainsi le mouvement s'augmente, assurement la regle seroit en cela une occasion d'erreur, quoique conforme à l'experience : parce qu'elle n'est conforme à l'experience qu'à cause que les erreurs du calcul ou du raisonnement se detruisent mutuellement l'une l'autre. Peut-être pourroit-on s'y prendre de cette maniere pour établir une regle qui prescrive des operations qui s'accordent avec les effets, & qui representent à l'esprit ce qui se passe actuellement dans le choc des corps.

39. Soit pour cela le corps A ∞ $m24$ qui rencontre B ∞ $3mo$.

1. Puisque les corps sont mûs à proportion qu'ils sont poussez ; on conçoit naturellement que $3mo$ étant poussé par $m24$, il doit devenir $3m8$: & $m24$ n'étant point repoussé, puisque $3mo$ n'a point en lui de force contraire, $m24$ doit demeurer mo. Et cela doit servir à fonder la premiere operation de la regle.

2. Mais $m24$ n'a pû pousser $3mo$ sans comprimer également la matiere subtile qui étoit dans les pores des deux corps, ou sans étrecir également ces pores à cause de la resistance continuelle d'une masse $3m$ de l'air tant subtil que grossier, qu'il a fallu déplacer tout d'un coup avec la vitesse 8, & faire circuler pour prendre par derriere la place du corps $3m$. Donc la matiere subtile dont la force est comme in-

finie refluant & paſſant avec violence dans les pores de ces deux corps qui ſont appuyez l'un ſur l'autre, élargit promtement ces pores, & repouſſe également les corps avec la force $m24$. Et c'eſt ce qui doit ſervir à regler la ſeconde operation de la regle. Car ſelon cette ſuppoſition qui paroît s'accorder avec la raiſon, A qui étoit mo, devient —$m12$, ou reçoit $m12$ de mouvement en arriere, & B auſſi $m12$ ou $3m4$ de mouvement en avant, qui étant ajoûté à $3m8$, fait $3m12$. Ce qui s'accorde avec l'experience ſelon les auteurs de la regle.

40. Si on ſuppoſe maintenant que $m12$ & $3m12$ ſe choquent avec des mouvemens contraires, on trouvera qu'ils ſe remettront dans leur premier état. Car,

1. Selon les ſecondes loix $m12$ deviendra mo, & $3m12$ deviendra $2m12$ dans l'inſtant de l'équilibre.

2. $2m12$ ou $3m8$ pouſſera mo avec la force $m12$ comme dans les ſecondes loix : mais icy par une raiſon bien differente qui eſt apparamment que mo déja comprimé à cauſe des forces contraires, & de plus ſoutenu par l'air tant ſubtil que groſſier, reſiſtant â $2m12$ ou $3m8$, les deux corps appuyent l'un ſur l'autre, & font une eſpece d'équilibre. De ſorte que la force $3m8$ auſſi bien que celle de la réaction de la matiere ſubtile ſe doit partager également entre les deux corps. Car ſi au lieu de $2m12$, on avoit $6m12$ qui appuyât ſur mo, ce dernier corps mo, ne recevroit pas ſeulement la force $m12$, comme dans les ſecondes loix, mais il en recevroit $m36$, parce que le contre-coup que l'air fait (j'entens toûjours le ſubtil & le groſſier,) ſuffit pour arrêter & contre-balancer un moment l'un ſur l'autre les deux corps :

E t

& la raison de cecy est apparamment que
tout est plein. De sorte que *mo* étant choqué,
& poussant l'air qu'est devant lui, cet air le
repousse & lui resiste d'abord infiniment, car
c'est pour cela que *m2 4*, par exemple choquant
3*mo*, la force du ressort est *m2 4*. Mais de leur
compression directe il en resulte une laterale,
qui fait que l'air circulant, prend successivement la place du corps *mo* par derriere, & lui
en cede autant en avant : de sorte que ce corps
avance librement avec la force qu'il a reçuë du
corps choqué. Mais il faut prendre garde que
quand un corps est une fois en mouvement, il
trouve beaucoup moins de resistance que dans
l'instant du choc : parce que l'air qui est devant lui, non-seulement celui qui en est proche,
mais encore celui qui en est fort éloigné, ayant
été, quoi qu'inégalement, pressé par le choc,
& conservant sa pression par le mouvement du
corps qui avance, il est determiné au mouvement lateral qui ne fait point de resistance au
corps en mouvement.

3. Puisque 2*m12* ou 3*m8* à poussé *mo* avec la
force *m12*, le corps *mo* à la force *m12*, & 3*m8*
n'a plus que 3*m4*. Or à cause de la réaction
m2 4 de la matiere subtile qui se partage également, 3*m4* deviendra 3*mo* ; & A qui étoit *m12*
deviendra — 2*m12* ou *m2 4* : ce qui est encore
conforme à l'experience, & paroît même conforme à la raison. Car il est clair que ces deux
corps apres le second choc, doivent reprendre
leur premier état, s'ils se rendent mutuellemeut
les forces qu'ils se sont données, ce qu'on suppose naturellement devoir arriver. Mais je ne
croy pas que cela arrive, lorsque les masses des
corps son trop inégales, & leurs vîtesses trop
grandes.

Voici encore un exemple pour faire voir que la force qui reste au plus fort dans l'instant de l'equilibre, se doit partager également, afin que les corps apres le second choc se remettent dans l'état ou ils étoient avant le premier. $m30$ choquant $5mo$, qui n'a point de force contraire, devient mo, & $5mo$ devient $5m6$. Ajoutez la réaction $+$ ou $-$ $m15$, vous aurez $-$ $m15$ & $5m9$.

Maintenant si $m15$ & $5m9$ se choquent de nouveau, $m15$ deviendra mo, & $5m9$ sera $5m6$ dans l'instant de l'équilibre. Mais mo déjà comprimé, ne pouvant pas prendre assez promtement une determination contraire à sa premiere, $5m6$ partage également sa force avec lui, aussi-bien que la réaction de la matiere subtile : Ou ce qui revient au même, si $5m6$ ne lui donne pas la moitié de sa force, la réaction tombe sur lui assez abondamment pour faire le même effet, ce qui neanmoins ne me paroît pas si vraisemblable. Ainsi mo devient $-$ $m15$ & $5m6$ est encore $5m3$. Enfin la réaction sur chacun des corps étant égale au petit corps m multiplié par sa vîtesse 15, $-$ $m15$ devient $-$ $m30$ & $5m3$ devient $5mo$, ce qu'ils étoient avant le premier choc. Il me semble que ce calcul repond aux effets naturels & les réprésente suffisamment à l'esprit, supposé que la regle qu'on a publiée soit toûjours conforme à l'experience, c'est à dire que les corps apres le second choc se remettent dans l'état ou ils étoient avant le premier.

41. Or il faut remarquer que quand les corps n'ont point de mouvement contraire, la réaction de la matiere subtile est toûjours égale à la vîtesse multipliée par la masse du corps le plus petit, & qu'elle est la même ici que dans

l'exemple precedent, quoi qu'il semble qu'elle doive être beaucoup plus petite, à cause que *m*12 rencontrant 3*m*12, le choc est une fois plus grand que lors que *m*24 rencontre 3*mo*. Mais comme la vîtesse respective est égale dans les deux cas, il est clair que le petit corps A employe également dans l'un & dans l'autre toute sa force contre le corps B, & que B employe une égale partie de sa force contre le corps A : aprés quoi la force qui reste au corps B quelque grande qu'elle soit, ne trouvant plus de resistance, les pores des deux corps ne se rétrecissent plus, & la matiere subtile ne s'y comprime plus.

Si on prenoit d'autres exemples à examiner on rencontreroit certaines difficultez dans les operations, & le calcul ne s'accorderoit pas avec l'experience. Mais en suivant le principe que j'ay proposé, ou quelqu'autre qui fût intelligible, on decouvriroit plusieurs causes possibles de l'erreur, & par le moyen de quelques nouvelles experiences on reconnoîtroit enfin la veritable.

Si donc les savans avoient voulu chercher les raisons Physiques des diversitez qu'ils ont remarquées dans le choc des corps, ils auroient établi des regles dont les operations du calcul suivroient pié à pié les effets naturels, & y répondroient à peu prés. Car assurement cela n'est pas impossible. Mais sur un certain nombre d'experiences ils se sont contentez détablir des regles qui ne donnent ce me semble nulle ouverture à l'esprit, parce qu'elles ne decouvrent point le principe naturel dont elles doivent être tirées. Encore s'ils nous avoient donné un grand nombre d'experiences exactement décrites & rangées dans un ordre naturel, Mesſieurs les ſpeculatifs s'en ſeroient ſervis avec plaiſir. Et peut-être quelqu'un auroit-il trouvé le vrai ſiſtéme dont dépend la raiſon de toutes ces experiences. Mais il ne faut pas exiger des autres ce qu'ils ne nous doivent point. Et les Philoſophes dans le fond ſont obligez à celui qui a le plus travaillé à éclaircir cette matiere. Pour moi je ne prétens pas avoir fort approché du but. Je ne n'ai ni le loiſir de m'exercer à ce jeu, ni les experiences neceſſaires pour me redreſſer, & pour me conduire. Apparemment je me ſuis trompé dans les ſecondes loix, & je ne pretens pas avoir rien établi dans les troiſié-mes. Mais il me ſemble que j'ay ſuffiſamment prouvé & expliqué les premieres, & ce ſont les ſeules qu'on avoit quelque droit de me deman-der.

Page 12. *ligne* 3. *au oy de celle, liſez* ny *du repos de celle.*

PErmis d'imprimer. Fait ce 15. Juin 1692.
DE LA REYNIE.